U0502205

世图心理

博客: http://blog.sina.com.cn/biwpcpsy
微博: http://weibo.com/wpcpsy

正念的力量

黄国峰 ■ 著

世界图书出版公司

北京·广州·上海·西安

图书在版编目（CIP）数据

正念的力量 / 黄国峰著. —北京：世界图书出版有限公司北京分公司，2021.11
ISBN 978-7-5192-9037-5（2022.1重印）

Ⅰ.①正… Ⅱ.①黄… Ⅲ.①心理学—通俗读物 Ⅳ.①B84-49

中国版本图书馆CIP数据核字（2021）第210591号

书　　名	正念的力量	
	ZHENGNIAN DE LILIANG	
著　　者	黄国峰	
策划编辑	李晓庆	
责任编辑	吴嘉琦	
装帧设计	黑白熊	
出版发行	世界图书出版有限公司北京分公司	
地　　址	北京市东城区朝内大街137号	
邮　　编	100010	
电　　话	010-64038355（发行）　64037380（客服）　64033507（总编室）	
网　　址	http://www.wpcbj.com.cn	
邮　　箱	wpcbjst@vip.163.com	
销　　售	新华书店	
印　　刷	北京中科印刷有限公司	
开　　本	880mm×1230mm　1/32	
印　　张	5.75	
字　　数	120千字	
版　　次	2021年11月第1版	
印　　次	2022年1月第2次印刷	
国际书号	ISBN 978-7-5192-9037-5	
定　　价	59.00元	

目录

Ｉ

第二章　当自己生命的主人

第三章　找到生命的核心价值

结语

前言

在过去的日子里，你是否曾感到生活一直在重复？年纪越来越大，身体也越来越不中用，可我们的心智模式与生命状态仍然没有任何变化。日子重复过，问题重复出现。我们期待以后可以更好，生命可以再前进。但我们做了些什么？改变了些什么？

终其一生，我们一直在寻找"我们到底要如何才能够让生命不同且更好"的答案，并且希望活出最恢宏的生命版本。要提升自己的精神境界，我们就不可以再让过去等于现在，等于未来。

在这本书中，我希望借助一些古圣先贤的智慧让你的生命再前进。过去很多圣贤，不管来自东方还是西方，都有很多领悟。我们常常说，站在巨人的肩膀上才能看得更远、更宽广，但是首先你要能够爬上巨人的肩膀。中国这块古老的土地拥有上下五千年的文明积淀，诞生了很多圣贤，然而鲜有人能够萃取并吸收圣贤的智慧。我们学了很多现代科学知识，却不懂得如何待人处事。虽然我们可能能力很高、学历很高、技术很在行，但是品性并没有跟上来。所以尽管我们外在拥有很多，却还是烦恼依旧，内心觉得很空虚。

要想让未来更好，我们就不能继续活在惯性思维模式里，不能只是活出过去的生命状态。我们可以通过改变思想、言语、行动，成就一个不同且更好的自己；通过觉察、觉知、觉悟，达到更高的生命境界；通过接受更多元的心智教育，扩展格局与视野。走的路不同，遇到的景色就不同。心智模式不同，活出的人生也不同。一个更好的未来在等着我们。

谨以此书，献给所有愿意为活出最恢宏的生命版本而努力不懈的朋友。

第一章

活出生命的本质

第一节
你的生命跟着什么走？

大部分人都想要活得久一点儿，但是很少有人想过要在什么生命状态之下走完这一生。

我们现在大部分人是带着病长寿。我有一次在上课的时候，一位二十几岁的学生说，我奶奶一百零三岁了，她早上起来吃完饭之后，就坐在门口看风景，然后等到中午就做午餐吃，吃完之后就去睡午觉，醒来继续坐在门口看风景，到晚上就做晚餐吃，吃完就开始看电视，困了就去睡觉。我问，她还做什么别的吗？学生说，没有呀，她就是活着。

现在很多人都是在这种状态之下走完这一生的，甚至还有人是带着病痛走完这一生的。

很少有人会去想自己到底要在生死之间怎么活。"生"然后"活"，到最后才是"死"。所以"活"才是生命。但是怎么活，才能把生命真正地活出来呢？不妨想想你这一生都在跟着什么走。

很多人这一生都在跟着欲望走。当你跟着欲望走完这一生时，你的生命就等于欲望，不是吗？如果你的生命跟着你的想法走，跟着你的认知走，你的生命就等于认知，就等于想法。有人一辈子都在跟着自己的习惯走，那么走完这一生，他的生命就等于习惯。

你在跟着什么走呢？难道除了想法、习惯、欲望这些东西之外，没有东西可以让你跟吗？你想过这个问题吗？

如果你的人生，这辈子可以跟着良心走，那么你这辈子的生命至少等于良心，不是吗？如果你的生命是跟着你的觉性走，那么你这辈子就会保持一种很有悟性的状态。如果你的生命跟着真理走，那么走完这一生你就是道呀！

第二节

境由心造，相由心生

人在一生中会遇到很多问题。我们常常说，境由心造，相由心生。有时候我们不是要直接解决问题，而是要先调整自己的心智，还有我们看待问题的眼光。

水会结冰。给它不同的信息，它结冰的形状会不同。人就好像一个结晶体。在不同阶段，你会有不同的生命状态。因为在不同的时期，你会有不同的经历，所以会活出不同的样子。

你会吸收什么样的知识？你的内在都有什么样的想法？我们会说相由心生。一个内心忧郁的人，外在很难阳光，除非他在演戏。一直在演戏的人其实是在压抑自己，所以很多喜剧演员到最后都患上了抑郁症。我们普通人，如果内心忧郁，外在是很难阳光的。

　　如果你在听父母说话的时候，是用爱在倾听，用生命在连结，你是会微笑的，你是不会做出不耐烦的样子的。这不就是"境由心造，相由心生"吗?

第三节

与人为善

　　生活中总会有一些情况需要我们捐款。有些人可能在前几次遇到募捐的机构时，会心平气和地捐款给他们，但是几次之后，他就会开始不耐烦，说："好了，好了，一百块拿去，下次不要再来找我了！"客观上他有没有捐款呢？有，可是他捐款时的心态不好。所以，他可能也会在自己很努力、很不甘心、很不舒服的情况下获得一百块，或许能加上十块的利息。如果他给的时候很难受，得的时候也会很不舒服。因为在一开始，他的心态就不对了。虽然他也给出了作用力，可是这种作用力背后的心态是不对的。所以他收到反作用力的时候，"得"的心境也不好。

我再举个例子。假设你出门上班的时候，遇到邻居你骂他们，那你下班的时候会不会遇到他们？会。你回来的时候他们遇到你也会继续骂你，是不是？

圣贤告诉我们要与人为善。因为地球是圆的，就算走出去一圈也还是会回到原点，遇到故人。

作用力等于什么？反作用力。我们都知道，踢墙壁踢得越用力，我们自己的脚就越痛。

我只想用一种科学的概念来演示生命的哲学。物理背后的心境也很重要。

所以，你跟别人交朋友，如果只是行为上的交往，没有用心，别人是感受得到的。别人又不是傻瓜，是不是？如果你是真诚的，别人是感受得到的。即使你说话支支吾吾的，别人也会感受到你的那份诚意。所以，我们真心的付出会得到真心的什么呢？真心的回报。

第四节
回程还会相遇

　　你会发现只要你变了，变得更好，你可能就会让你周围的人也愿意变得更好。这样世界是不是改变了？只要我回应他的方式改变了，作用力改变了，反作用力就会改变。

　　我们做人处事就是作用力，别人回应过来的就是反作用力。所以古代的圣贤，他不会直接跟你讲道理。有时候他会发现道理背后的因果。所以他们劝诫我们要与人为善，为什么？因为回程还会相遇，所以要与人为善。

　　我们说法律可以解决我们表面的公平正义，却无法化解我们的恩怨情仇，武力可以消灭敌人，却无法消灭对方的敌意。

我们都发出了什么样的作用力？现在得到的是什么样的反作用力？从你知道现在所经受的，就能了解到你过去所做过的。从你现在所遇到的人、事、物，就能知道你过去的为人处世。这也就是为什么有人总是遇到贵人，而有人总会遇到小人。

今天，我没事就打他一下、骂他一下，回程的时候，他会对我很客气吗？不会吧。但是我得回程啊，是不是？所以，既然你看到这种现象，你去的时候就要与人为善。

第五节
恢复我们本来的能力

若干年前，我的头发乌黑亮丽，身材也很苗条。但是现在，我视茫茫、发苍苍，牙齿松动，这就是岁月啊！终有一天，岁月会把我带走。但是人生走这一趟，我们要学会知足、感恩、欣赏。

大家都听过"知足常乐"这个说法，可为什么我们却无法保持常乐？因为我们没有知足的能力。就像认错一样，我们都知道有错要认，可是有多少人能够勇于认错呢？并不多。如果一个人可以认错、修正、改过，那将带来多么大的改变啊！当你能够认错、修正、改过，你的一生从此就会变得完全不同，你的人生境遇也会开始转变。

懂得感恩的人最幸福。那么我们为什么没有感觉到幸福？因为我们缺少感恩的能力。

那么，我们怎样才能拥有知足、感恩和欣赏的能力呢？其实这些能力我们原本都有，只要我们恢复它们就可以了。

如果我们在一个很美的地方，比如像博物馆、美术馆这类存放艺术品的地方，我们就会被激发出欣赏的态度和眼光。记住这种欣赏的感觉，把它带回日常生活中就可以了。

如果在一个风雨交加的夜晚，你在路上行走，又冷又饿，突然看到一个小吃摊，当时我们身上没有钱，但老板却免费下了一碗面给你吃，你会不会很感恩？此时，一碗面就能让你抱有感恩之心。换个角度看，你的父母为你做了十几甚至几十年的饭，你有没有让他们感受到你感恩的心呢？你能不能把感恩的心带回到日常生活中呢?

　　我们需要某种情境引出自己感恩的心、欣赏的眼光。在它们被引出来之后，我们应该把它们带回到日常生活中。

第六节
我们都有向善之心

　　如果孩子在半夜生病了，高烧不退，那么大部分父母都会忘记自己的疲劳，对孩子悉心照顾。父母在这种情境下不会在意自己有多久没休息了，只是很关心自己的孩子而已。我们天生具有这种很纯粹的爱，只是我们的这种爱一直存在于小家中，没有走向大家。

　　如果一个孩子突然跌倒，一般你不会多想，就会赶快把他扶起来。这是什么？这是本性的流露。其实你本性中是有那份良知的。但是，多想一下你就会卡住，因为多想一下，"小我"就出来了。

　　打开觉察，生活中就会有很多的点滴引出你的本性。你要慢慢地去看见本性的流露，让本性有更多的机会流露出来。试着一天里面有一两次的流露，或许你的良心就慢慢浮现出来了。

　　其实我们都有善良的本性，只是平时它被掩盖住了。我希望你去探索、发现那颗善良的心。

第七节

计较太多，所以很难公平

　　别人做不到代表你也可以不做吗？比如，兄弟姐妹不孝顺是他们的事情，不管怎么样，你该做到孝顺的，不是吗？假设有一天父母生病了，大家轮流照顾父母。如果我照顾一天，你照顾一天，有一天负责的人有事来不了，需要你承担照顾父母的责任，你会不会觉得不公平？人世间就是很难公平、合理。

　　这时候怎样让自己心里过得去？我教你一个方法，这时候把自己当成独生子女。父母生病是谁的事情？你的事情。费用你出。如果有人来分担费用，有人偶尔来帮忙照顾，那么你就是赚到了。因为作为"独生子女"，这些本来就是你应该做的。

　　你把自己当成独生子女来看待，事情就会变得很简单。

　　以财产分配为例，你多分了一百万，亲情可能会消失。亲情不见了，你就是花一千万都无法把亲情再找回来。如果你少分一百万呢？那么当你发生什么事时，兄弟姐妹可能都会帮你。钱花得完，亲情花不完。有时候我们要跳出公平观。

第八节

命运轴线图

    很多人都想改变自己的命运，希望自己的人生状态可以变得更好，希望自己正在做的事都得到圆满的结果。

    有句话说："性格决定命运"。如果想改变命运，就要改变自己的性格，因为是你的性格让你活成这个样子。要想改变性格，就要知道性格是怎么形成的。

    你平常养成的习性和习惯，会慢慢固化、沉淀为你的性格跟个性。这些习惯又是怎么形成的呢？我们的内心有自己的认知，有自己的想法，有自己的价值观，我们会以此来应对外部世界的人、事、物。

    如果你的想法和认知没有改变，你就会不断地重复类似的想法、做法跟情绪。久而久之，这些就会慢慢变成一种习惯，习惯会慢慢变成一种性格，然后这种性格就会决定你生命的状态。

我们的认知、想法是一种有色眼镜，你会戴上有色眼镜去看这个世界。如果你戴的是红色的眼镜，那么你看这个世界好像就是红色的，并且看不到红色以外的颜色；如果你戴的是绿色的眼镜，那么在你看来世界就是绿色的，并且你看不到绿色以外的颜色。你的说法、做法也会基于你所看到的世界。

同理，你会带着一种特定的眼光来听课，你只会听到你想听的，除此以外的很多信息都被你屏蔽掉了。所以，如果你带着固有认知来听课，就无法获取全面的信息，会因为你的"有色眼镜"漏掉很多的信息。

所以，你以为我在说某件事，但其实我未必只是在说这件事，我还有很多其他方面的意思。

第九节
从念头产生时改变命运

东方常常讲"命运"这两个字。当生活状态不如意的时候，有人就会进行一些"改运"的仪式，比如改风水、改名字。

在我看来，命运大体来说就是你把自己活成什么样，你把人际关系搞成什么样，你把事情做成什么样。

社会心理学家说，如果你要改变命运，你可能就要先调整你的个性。你就是这种个性，才把生命活成这个样子，才把关系搞成这个样子，才把事情做成这个样子。可是个性是怎么来的？个性就是你平常养成的习性、习惯。你已经养成的习惯，慢慢变成习性，这些习性慢慢又变成个性。

　　是你的想法、认知让你产生相应的反应。当你的认知、想法改变之后，你在遇到相同的人、事、物时，你的感受就会有所不同，因此你的回应就会不同，最后你们之间的关系就会改变。这样，你的所谓的"命运"就会改变。

第十节

相由心生

　　在我看来，一个人的面相其实是会反映他的内心状态的。内心忧郁，外在很难阳光；内心凶恶，外在就会有点凶恶。当你内心柔和了，面相就柔和了。所以我们要时常照一下镜子。当我们的表情有点僵、笑不出来的时候，我们就应该意识到自己的内心是郁闷的。你照一下镜子，就可以大体知道你自己的内心是什么样子。

　　只要你学会觉察，你就会发现，其实生活中很多东西都在教育我们。

第十一节

第一念很重要

　　我们最初的认知，或者说念头，是从哪里来的呢？我们最初的念头产生时，这个念头会形成我们的存心动机。存心动机不断形成念头，而念头最终会形成我们既定的认知和想法。如果把命运的最后阶段当成结果，那么个性就是前因。如果把个性当成结果，那么之前养成的习惯就是前因。如果把习惯当成结果，那么他平常的所作所为就是前因，所以我们可以从最后的结果推出最初的念头产生时，也就是最初的动因。这就是"第一念"。

　　如果我改变了我最初的念头，那么随之而来的存心动机会不会被改变？会改变，这是很合乎逻辑的。

　　当我改变了我最初的念头时，我的存心动机会随之改变，因此后续形成的认知和想法也会被改变。用被改变的认知和想法再去解读周围的人、事、物，你会发现你的情绪、感受、反应都不同了，你的选择也不同了，所以你形成的惯性也不同了，你的个性也改变了，人际关系也改变了。这个逻辑是线性的，比较容易理解。

第十二节

觉察念头，修在缘起处

如果第一个念头刚浮现出来时，你就有所觉察，那会怎么样呢？我们先不管这个念头是什么，我们先修炼觉察念头的能力。念头出来的时候，如果我们能够觉察到，就能念起不随，然后知止，而后收心，把念头化解掉。第一个念头化解掉之后就没有后面的"剧本"了。但如果这个念头没有被觉察到，后面的"剧本"已经开始了，你要怎么办？

那就耐心地慢慢修炼，俗称"修行"。你带着觉察和觉知，就能意识到自己的哪个念头是不对的。知非即舍，知道自己的念头，同时知道自己执着于此，就马上转念。

我们要修炼的是什么？是觉察。

第十三节

珍惜指出你缺点的人

如果还有愿意跟你讲真话的人，你要好好地爱惜他，因为他是冒着不能跟你当朋友的危险跟你讲真话的。好朋友都不好意思跟对方讲真话，因为怕当不成朋友。

我觉得如果这辈子还有人愿意提醒你，你真的要好好感谢他。有时候我们看不到自己的缺点，但他可以把这些缺点挖出来。如果他研究你，他可能已经可以拿到博士学位了。

当我们遇到讨厌我们的人时，他们会用很难听的话来说我们的缺点，你可以换个角度来看这种人，把这种人当成家人，因为只有他才会给你泼冷水，指出你的问题。

第十四节

人活在相对中，却想要拥有绝对

我们大多数人的一双眼睛都是平行的，可是我们很多人看待不同的人却不太平等。我们的左右两侧各有一只耳朵，应该是什么都可以听进去吧？可是我们却经常只想听这个、不想听那个。

仔细观察人体，你会发现其并不是绝对对称的。其实，在大自然里，很多东西并没有那么绝对。然而总有人想活得很绝对。

从哪里看出来的？从人想要占有这一点。我们想要长生不老，想要永远青春美丽。所以我们的整形医学很发达，保养品也卖得很好。

人活在相对中，却想要活得绝对。这是目前我观察到的现象。在很多国家，人们是有土地的终生所有权的，土地是可以作为财产被继承的。这是一种绝对的思维，就是我拥有了就永远是我的，除非我把它卖出去。所以人会在这种文化下形成相应的认知跟特质。

第十五节

要让你快乐不容易啊！

即使是对快乐不快乐，你都有属于自己的定义。你会觉得，这样子是快乐的，那样子是不快乐的。我们的认知就像一把无形的尺子。我们时时用这把尺子去衡量周围的人、事、物。如果事情发生在这把尺子的范围以内，那么我可以接受。如果事情发生在这把尺子的范围以外，那么我就不可以接受。事情发生在这把尺子以内就是合理的，在这把尺子以外就是合理的。事情在这把尺子以内，我心情愉悦，在这把尺子以外，我就揪心了。

你把快乐的范围定义得那么狭小，要让你快乐很不容易啊！人生不如意事十有八九，就是这样子来的。如意事只有一二，那一二是谁定的？你自己。

第十六节

大自然没有永生，人却想要长生不死

你看大自然里的动植物，比如一颗种子，是以这样的方式表达生命的：发芽—开枝散叶—开花结果—凋零—死去。即使是有上千年寿命的植物也终将凋零。可是人却想要长生不死。

人会制作塑料的花，因为我们不想让它凋谢。当我们拥有成功的事业的时候，就希望它能永久地保存下来。以前的国王在登上王位、拥有天下之后就想要长生不老。我们人类一直以来都有这种绝对的思维。这种思维是反自然的。

第十七节

用阴阳观来看待人生

我们身处的大自然、我们身处的这个社会就是一种相对的存在。因为有阴就有阳，有左就有右。但有人却说，我要纯阴，不要阳的部分。

《易经》里面有一句话叫作：孤阴不生，孤阳不长。你能找出纯左的事物给我看看吗？有没有纯左边的？有没有纯上面的？只要有上面就有下面，只要有左就有右，只要有轻就有重，只要有阳就有阴，只要有生就有死。

我们要用阴阳观来看待人生。

第十八节

你的理想还在吗？

据统计，我们国家每年有七八百万的大学毕业生。他们在进入社会之前应该都充满理想吧？可是大部分人在进入社会两三年之后，心中的理想好像都被遗忘了。大家都只是为了一口饭、为了一份工作，对不对？

他们这样继续生活，到了四十岁的时候，人生就会很迷茫。男人可能已经有老婆、有孩子，要养家糊口，有房贷、车贷，还有眼袋。背着这么多贷款，晚上睡不着，早上眼袋都出来了，不是吗？什么都足，就是存款不足、睡眠不足。我们活到现在，会发现理想不见了，只剩生存了。孩子不得不养，房贷不能不还，为了面子还要买车子，还要还车贷。

回过头来想，为什么很多人进入社会以后，理想很快就不见了呢？你的理想还在吗？你还有在为你的理想踏出那第一步、第二步、第三步吗？还是你已经快到退休的年龄了？

你现在的工作是你的事业还是你的理想？你是只在忙事业，还是已经开始有志向，让生命活出意义和价值？

你们应该去思考：你坚持自己的理想多久了？你被一份薪水"买断"自己的人生了吗？你的老板给你多少钱来"买断"你的人生？

我不是叫你不要工作，只是你的人生是属于自己的。你的人生不等于谋生吧？你的人生不等于工作吧？

第十九节

你拥有的是什么？

我们来想一想，你是拥有一份工作，还是被一份工作"拥有"了？你是拥有想法还是被想法"拥有"了？你是拥有钱还是被钱"糟蹋"了一辈子？你是在过日子，还是被日子"过"？

你活到现在，你的生命是什么？难道你的生命中只有工作，你只是"被拥有"吗？到底是你拥有它，还是被它"拥有"？

被钱"拥有"叫守财奴。为钱劳碌一辈子，最后自己能够享用的很少，钱全部变成遗产。

第二十节

给不出来的都是你缺少的

有些人好像要拥有很多才能过好日子。有些人则不需要拥有那么多，一样可以过好日子。拥有很多才能够过好日子的人是很"穷"的，而不需要拥有那么多，就能过得很好的人原本就是"富有"的。

刚刚说的是拥有。除了拥有之外，你能给出什么？什么是你给不出来的？你给不出来的都是你最缺的。给不出爱，说明你缺爱。给不出关心，说明你缺关心。

无法与别人分享，那么你就是一个"穷人"，是一个无法给予、无法分享、无法付出、无法陪伴的"穷人"。

第二十一节

人生所为何来?

　　想象一下现在我们走在草原上，黄昏之后迎来了夜晚，所有人都躺下来，仰望整个星空。你会不会瞬间觉得自己非常渺小？如果你生活在草原上，天天都能看到璀璨的星空，那么你会不会每天去思考人生存在的意义和价值？我想你会的。可是我们很多人生活在都市里面，仰望星空时看不到星空，都是雾霾。我们很多人每天要埋头苦干，捡地上的芝麻，就这样过了一生，从来没有思考过生命存在的意义和价值是什么，此生所为何来。

　　很多人的灵魂非常贫穷，穷到没有探寻真理的渴望，穷到不知道可以活出真实的人生。从现在开始，不妨试着问问自己。我记得自己十岁左右就会问自己："难道我要跟一般人一样读书、考试、工作、赚钱、结婚、生子、养家，就这样过一生吗？难道人生下来就是为了读书、考试、工作、赚钱、结婚、生子、养家吗？难道人生就只能活成这样吗？这也叫人生吗？"我会去问自己，人生是不是只为了读书、考试、工作、赚钱、结婚、生子、养家，然后呢？我会去探寻自己生命存在的意义和价值是什么。

第二十二节

"合理"的叫训练，"不合理"的叫锻炼

我们一般都活在自己认为的"道理"中，但是在这有限的范围里，你能够获得的成长非常有限。有句话是这么说的："合理"的叫训练，"不合理"的叫锻炼。在"合理"的情况下能够获得的成长非常有限，就像我们在游泳池里无法训练出一个航海家。

在"合理"的范围之下，我们只可以打下基础，比如说学校里的教育。学校的教育就像在温室里面培养花朵。更不用说有些家长和老师的教育，大部分只有教，却没有育。所以，我们要教，还要教而育之，育而成之。在游泳池里面很难育成一个真正的航海家，在温室里面培育出来

的花朵也经不起室外的风吹雨打。有时候，在真实的人生里面才能够实现真正的"育成"。

你怎样看待孩子的教育呢？你会不会盖一个温室让他成长呢？创业家都是在风浪中成长出来的，他有属于自己的创业经历，那是真正属于自己生命的美好。如果只是继承，事业当然可以做得很大，可是没有从无到有的美好，也算是一种遗憾。有所得，也有所失。

第二十三节

站在不同的角度看这个世界

我不是要改变你的三观，我只是想让你用不同的角度去思考、看待你日常生活中的一切事物。你现在是站在自己固有的角度在看这个世界，除了这个角度以外，你很容易忽略其他的角度。

我们很多人都抱过小婴儿或者给小婴儿喂过奶。我们在抱着婴儿、给婴儿喂奶的时候，是不是会有种很幸福的感觉？如果你仅仅只是站在自己的角度看这件事，你可能会觉得我为小婴儿付出很多、牺牲很多。有些妈妈会觉得牺牲了自己的身材去生育他，牺牲了自己的时间来喂养他。这是一种单向思维。可是如果你站在另外一个角度，从婴儿那边看过来，当你在抱着他、喂养他的时候，你会发现自己很安详、很幸福。对！他正在用一种无形的东西滋养你的灵魂。

所以，换一种角度，看法、感受就会马上改变。如果还是站在固有的角度，你可能会认为是自己在付出，是自己在喂养婴儿，可是换一种角度看，是婴儿滋养了你的灵魂。多一种不同的角度，新的窗户就被打开了。

第二十四节

活出生命的本质

不妨思考一下,你自己有空间可以转念、转身,那你有没有给你的另一半空间?有没有给你的孩子空间?有没有给你的同事空间?有没有给你的同学空间?

幸福、创造性都在空间里面。所以,我们来看看,你的人生走到现在,空间大不大?线性思维给人的空间不大,平面思维给人的大一点,立体思维给人的空间是不是更大?当你拥有线性思维,人生就是线性的,只有往前或往后;当你拥有平面思维时,人生就是平面的,你只知道前后左右、衣食住行而已,也许偶尔会做一下有意义的事;当你拥有立体思维时,人生就是立体的,你可以活出生命的本真，活出生命的本质。

　　换个维度，人生就不会卡在某个地方，我们就不会钻牛角尖。

　　比如有些父母有时候会想，为了照顾孩子，生活发生了很多变化，自己吃不好、睡不好。换个维度看，孩子让他们的生命更丰富。这样想的话，之前的烦恼就灰飞烟灭了。

　　所以，在人生中有过不去的坎的时候，不妨换个维度思考，也许你的人生就不会卡在那个地方。

第二十五节
活出精神层面的意义

　　如果你的一生没有高于动物的一生，那你其实并没有活出一个高级灵长类动物的状态。我们跟动物最大的区别是，有没有意识形态跟精神层面的东西。除了生存，你有没有活出该有的意义跟价值，有没有活出精神层面的意义？如果没有，你过的就是动物性的一生，你只是比普通的动物更复杂一点而已。有的动物生下来，半个月就可以出去觅食，而人却要父母养二十多年才能够出去找工作，也许工作还不一定如意。动物可能三五天就有了居所，人有可能奋斗了大半辈子才能买到一所公寓。所以，我觉得，如果不活出精神层面的意义，那么不如去当一只海鸥。

　　动物听不懂人话，人也听不懂动物的话，这个扯平了。我想要表达的是，一般的动物也会沟通，可是它们沟通基本上都是为了生存，属于生理反应方面的沟通，以及繁殖方面的沟通。有些动物要求偶，跳来跳去，为了吸引异性。我们谈恋爱也是一样，只是比较复杂而已。雄性动物可能会为了展示自己而雄赳赳、气昂昂的。而我们人类男性为了追求女朋友买花、吃大餐、送礼物、讲好话。形式上不同，本质上都是类似的。

　　动物很难有心灵层面的交流，人却可以闻道、修行、成长，以心用智，以觉启智。我们有很多的方式可以活得更高级，这是生而为人的可贵。

第二十六节

你的生命有温度、有光彩吗？

　　你真的活出人生该有的维度了吗？我们先来讲温度。

　　那你的生命真的有温度吗？还是只有体温？你的生命有色彩吗？还是只有脸色？生命不应该只是局限在肉体的这部分。因为我们有更高的意识形态，所以我们要让生命是有温度的，有光彩的，而不是只有体温，只有脸色。

　　从这个维度来看，你跟人相处时有温度吗？能够温暖到别人吗？你跟人在一起可以成为别人的一道光吗？可以照亮别人吗？生命要有光，这个光从何处来？有一个说法叫以手指月，我们可以看到月亮的光，那么月亮是自己发光的吗？不是吧？这个时候还要问，月光从何处来？虽然以手指月让你见到光明，可是你还要继续问，这个光明是月亮自己发出的吗？

假设经书典籍就是那个手指头，以手指月，只是让你看到光明跟智慧，可是你要再问一下，这些光明智慧是从何处而来？人生的光从何处来？是聚光灯照着你了吗？聚光灯如果照到了你，说不定背后含义是：你值得被聚光灯照到。就像在一个剧院里，为什么有这么多人，聚光灯只照亮舞台上这个人，而不照亮别的人呢？

第二十七节

人在哪里，心在哪里，爱就在哪里

我们可以提一盏"心灯"照亮很多人，然后到处"点灯"，陪伴你有缘遇到的伙伴，让他的"心灯"可以"亮起来"，让他心中的"莲花"盛开。

走完这一辈子，你可以让多少人的"心灯"亮起来；走完这一生，你可以让多少人心中的"莲花"盛开？走完这一生，你可以让你所到的地方因为你的到来而变得更好吗？

这个家，你来过了；这个公司，你去过了；这个社区，你住过了；这个国家，你待过了。这些地方有没有因为你的到来而变得更好呢？你是个提着"心灯"的人吗？你走到哪里，光就能亮到哪里，温暖就能到哪里吗？

我们都知道蜡烛。蜡烛只要被点亮，就不会只照亮某个人、不照亮另一个人吧？蜡烛就是到哪里，光就亮到哪里，温暖送到哪里。你应该活出这个样子来。人在哪里，心在哪里，爱就在哪里。

第二十八节

好好开展人生，活出光与热

闭上眼睛，想象自己现在已经是八九十岁的年纪了。垂垂老矣，呼吸不顺畅，身体已经老化了，行动也不方便了，人生已经到末期了，快"下车"了。此刻，你心中浮现的一个念头是，"如果再让我回到年轻的时候，我想要好好地再活一次，我想要好好地开展我的人生，我不想有现在的遗憾，我一定好好地活出有意义、有价值的一生"。好，现在张开眼睛，你回来了。

现在你够年轻吧，原本还在八九十岁，现在看起来挺年轻的。你回来了没有？回来了。好，那你打算怎么过这一生？

第二十九节

拥有全维的人生，用生命陪伴生命

一般人都想要升维。就像建一座金字塔一样，我们都想要一层一层地往上升，迈向高维，升向高层，然后最好能活在最高层这个地方。但有时候，我们很难降下来，一直是往上升，却没有能力让自己降下来陪伴其他人。我们想要跟更高维的人在一起，却不想跟低一维、低二维、低三维的人在一起。如果你有这种心态，那谁要跟你在一起？我为什么要跟你在一起？

不要只是能升不能降。我们还有很大的成长空间。有时候，你不是"层次高"，你是僵在那里，无法融入当下，陪伴当下的人。我发现大家在讨论的时候，有些人是融不进去的。为什么？也许是觉得其他人层次低，不想跟他们交谈。也许其他人层次确实不高，但觉得别人层次低的人是僵化的。

僵化在某个维度，不够有弹性，代表你的智慧是没有被打开的。你可能读了很多书，知道很多东西，但你却没有高维的智慧。所以你无法融入当下，无法与其他人分享。

第三十节

心灯一点亮，黑暗就不再是问题

我们如何慢慢地进入一种更高维的生命状态呢？

假设你自己正处在一个黑暗的空间，伸手不见五指，走动的时候可能会撞到东西，然后你会开始摸索。可能你要研究很久才能够知道旁边还有空间，然后慢慢走过去。可能我们一辈子都在玩这个游戏，在黑暗中遇到了问题，然后再摸索着找出一个解决方法，慢慢走，让自己越来越能够适应黑暗的环境。

我在给学生讲课的时候并没有在摸索。因为我的人生已经展开了。因为我的眼睛是亮的，我的心灯是亮的，所以我不会纠结这些黑暗中的问题。我可以一目了然，世界上的其他事情不会对我有所妨碍。

第三十一节

爱的境界

如果你的小孩在路边看到一只小狗陷进了泥地，他把小狗救出来，弄得全身是泥，你的反应会是"哎呀，他怎么全身弄得脏兮兮的，这很难洗的"还是"哎呀，孩子这么小，却这么有爱心，真好"呢？你的心智维度是从你的反应里面体现出来的。如果妈妈买了一件小洋装给女儿，女儿隔天去外面玩，回来的时候裙子破掉了、弄脏了。妈妈说"怎么才刚刚给你买，你就弄破了、弄脏了？"，这就叫物质思维。妈妈说"有没有受伤？"，这叫生命思维。所以，从一个人的反应就能看出他的心智思维模式停留在哪里。

也许你家里的老人身上会有某些不太怡人的味道，你是心疼他，还是讨厌那个味道？他可能因为过度劳累，或者长期睡不好。你要心疼他而不是批判他、骂他、嫌弃他。当你能够感同身受、体谅他、帮他、让他多休息时，就代表你已经进入了爱的境界。

第三十二节

跳脱你的想法，欣赏不同的风景

虽然我们可以反省过去，但是我们不要一直活在过去；我们可以策划未来、想象未来，但是不要一直活在想象中的未来；我们现在可以有想法，但是不要执着于这种想法。你可以反省过去、想象过去，还可以改过，对不对？你可以想象、策划未来，但是不要一直活在"想法"中。我们有过去，但不要被过去绑架；我们有未来，但不要只是活在妄想中；我们有现在的想法，但不要执着于某个想法。

我们都学过"夏虫不可以语冰"的道理，但是有一位学生却说："可以啊！把虫子放到冰箱冷藏室，几秒钟之后把它抓出来，告诉它'这是秋天'，然后把它放到冰箱冷冻室，几秒钟之后把它抓出来，告诉它'这是冬天'。"就像虚拟现实技术一样，给夏虫创造一个情境，让它去感受，而不是增加它的寿命。

这叫作拥有想法，而不是被想法拥有。我们可以有过去的经历，但不要被过去所框住。不要被"夏天"的经历框住，你就有机会体验春、秋、冬。

第三十三节

我们爱的表现往往是相反的

我想到一件事，在一次上课期间有一个年轻的朋友在跟大家分享听课感受的时候，原本是想要讲好话的，结果他讲的都是相反的话。你知道吗？有时候我们的表现会与我们的本意相违背，就像搭错线一样。

有时候我们想要爱一个人，可是表现出来却刚好是相反的。"打是情，骂是爱"，如果一个男生没事就捉弄女生一下，你能看出他背后的喜欢吗？我发现，这种搭错线的爱的表达可能表明男女双方尚停留在暧昧阶段，总是喜欢说反话："我就是讨厌你，你能怎么样？"

第三十四节

你困在已知的局限里

你只是在过你固有认知里的人生。我们说，你活不出你想法以外的人生，就是你困在已知的局限里面。

中国有位哲学家叫庄子。庄子说："井蛙不可以语于海者，拘于虚也"。

井底的青蛙，因为受限于它生活空间的狭小，所以，你跟它讲天有多宽、海有多阔，它是无法理解的。只因为它一辈子就生活在井这个小空间里面。"拘于虚也"，"虚"就是空间的意思。所以"井蛙不可以语于海者，拘于虚也"，是因为他受限于生活环境太狭隘了。

庄子又说，"夏虫不可以语冰"。它受限于什么？寿命太短了。所以夏天的虫，它到秋天就死掉了，它从来没有经历过秋冬，从来没有想象过有四季。因为它不知道有四季，它一辈子就只过夏天。因此，你无法跟夏天的虫讨论秋天的风、冬天的雪，你跟它讲，它听不懂。

你无法跟青蛙讨论超越它生存空间的场景，你也无法跟夏天的虫讨论超越它的生命范围的时间领域，因为它们是没有办法理解你的话的。

第二章

当自己生命的主人

第三十五节

拿自己的人生有办法

我三十岁进入社会，先给了自己五年的时间，去一个集团学习、工作、投资，打开视野，然后又给自己五年的时间去学习更多、领悟更高深的东西。我告诉自己，我每五年都要过一个不同的人生，所以三十到三十五一个阶段，三十五到四十一个阶段，四十到四十五一个阶段……我把这一辈子当成好几辈子在过。

我可能五年就学了很多，成长得很快。这不是理论，这是一种实践。我有现实，我也有理想。学"有学"，我不输你；学"无学"，我也是专业的。

讲科学，我懂；讲哲学，我也懂。我创过业，我也经营过集团，甚至我比你们都爱钱。不一样的是，我爱却不执着，我有却不被它绑架。因为这是我拥有的，所以我拿它有办法。事业是我们创造的，所以我拿它有办法。想法是我想出来的，我拿它有办法。人生是我要过的，我要拿我的人生有办法。

第三十六节
当自己生命的主人

  我想跟各位分享的就是你要开始当自己的主人，当自己人生的主人，而不是被社会上的价值观"绑架"一辈子，连交男朋友、女朋友都要符合别人的价值标准，要找"高富帅"和"白富美"。万一你喜欢一个"矮胖黑"怎么办？你可能都不好意思把他介绍给大家。

  有时候，我们连交朋友都还要符合别人的价值观。我们大部分人是活在别人的"嘴巴上"，还没有活出属于自己的人生。想一想，你是要过自己的日子，还是过别人要你过的日子？是你要过自己的人生！不是要过别人要求你、期待你过的人生！

  我们基本上很难跳脱别人的眼光，所以很多人并没有真正地活出属于自己的一生，都是被影响的。这个年代流行什么行业，人就都去选那个专业、做那个工作。很多人都是在这种状态之下，走完了这一生。

第三十七节

只有你变了，世界才会改变

人们一般都是保守的，不想改变，想要维持原状的同时变得更好。不想改变却想要变得更好，你可能会觉得很矛盾。就像有些人，不想改变自己的认知、想法、习性和生活作息，就去找风水师、算命先生，想花钱了事。自己不想改变，想让别人帮自己变好，看能不能变得更好。没有人去寺庙的时候许愿说，我想改变，我想改掉自己的毛病，我想要拥有感恩的能力，我想拥有勇于认错的能力。大家都想的是请人保佑你变得更好。自己都不愿意改变和成长，却希望人生变得更好，这是很矛盾的。就好像学生不好好读书，每次考试前都去孔庙许愿说这次要考第一名一样。

　　所以，人们常处于一种"懒"的状态，懒得改变，却期待变得更好，不愿意自己改变而努力去做些什么，总是想要依赖外在的东西来让自己变得更好，却不知道有时候必须自己主动变得更好，世界才会改变。不是世界改变了你才变好了，而是你改变了世界才能真的变得更好了。别人说同样一句话，你改变了看他的眼光，原本可能让你生气的这句话可能就没什么杀伤力了，不是吗？是因为你改变了，你周围的小世界就变和谐了。

　　只有你变了，世界才会改变。一个很重要的东西就是你看世界的眼光要改变。你看世界的眼光、你的心智模式、你回应的方式可以改变。我或许无法改变他的言语和行为，但是我可以改变我回应他的态度跟方式，我可以改变，不是吗？事情可能是一个既定的事实，我们或许无法改变它，这个发生已经存在了。但是我可以改变回应它的态度跟方式，不是吗？

　　因此，有时候改变并不是一直期待外在改变，而是应该看见我可以改变什么。家庭要改变先从谁开始？自己。现在看起来每个人都很理性，但你只要发现有一门课程可以让别人变得更好，可能马上就会帮家人报名。你潜在的想法是什么？你好了，我们全家就都好了；你只要变得更好，我们家就没事了。这还是在期望别人改变，而没有从自己这里出发。

第三十八节
智慧的投资

　　子贡与一群人跟着孔子周游列国十四年，在这期间产生的绝大部分费用都是子贡支付的。由于孔子的儿子早他很多年就已经去世了，所以在孔子去世之后，子贡在他的坟边盖了个小竹屋守丧。孔子的其他学生听说后，纷纷效仿子贡，也来守丧。三年之后，其他学生都回去了，子贡继续守了三年，一共六年。子贡本身非常聪明，他与政界和商界的关系也非常好，投资什么都赚钱。悟性如此高的人给孔子守丧六年，资助那么多的孔门弟子周游列国，这才有了后世所说的十哲七十二贤（子贡是十哲之一）。从经济学的角度讲，子贡投资对了人，十哲七十二贤都是超级绩优股。在我看来，只有你的生命状态好，你才能吸引别人给你投资。反过来，我们要做有智慧的投资者，让自己成为别人愿意接纳的好环境。

第三十九节

道理过不去的时候走个心吧！

有时候，道理没办法化解的东西，幽默可以化解。可是我们习惯讲道理，我们就是死脑筋，就是要讲道理。

一个人跟另一个人讲三八就是二十四，不是二十一，然后两个人在路上吵了一整天，告到官府去。结果官府判那个说三八二十四的十个大板，就是很会讲道理的那一个。那个很会讲道理的说："官老爷，你给我一个道理呀。三个八相加就是累加法，乘法就是累加法，三个八相加怎么可能出现'一'这种奇数呢？我这么讲道理，为什么判我十个大板？"

那个官老爷说："你跟一个说三八得二十一的人吵一整天，不打你打谁啊？你吃饱了没事干啊？"

你的人生就浪费在跟一个算出来三八二十一的人吵一
整天吗？你没有事情可以做吗？不修理你，你会清醒吗？
你还活在道理这个层次，你可以容许别人一时搞不清楚，
容许别人一时不可以，容许别人一时不能够做到吗？

第四十节

公平合理要到了，幸福的感觉不见了

你有容许别人吗？你无法容许别人的"三八二十一"，然后就跟他争吵一辈子。你的斗争胜利，然后呢？然后你得到的是不幸福。结婚是为了什么？幸福。可是结完婚之后，什么你煮饭我就要洗碗，我洗衣服你就要拖地板，我早上带孩子上学，傍晚你就要接孩子回来。你得到了公平、合理，但幸福的感觉不见了。你太爱公平了，跟那个三八二十四的有没有两样？所以官老爷就审判让你争取到三八二十四了，好，合理了，然后幸福感就不见了。你就是太对了，就是很自以为是，一直在对错上争，就是争那个道理，你争对了又怎样？一辈子不快乐、不幸福，这是对你最大的惩罚。

第四十一节

输了道理，却可以赢得幸福

谈恋爱我们都有感觉吧？我们谈恋爱比较不会争公平、合理。谈恋爱的时候都是三更半夜说："我肚子饿。"车子开得再远也要把吃的买回来，即使坐在楼梯上面吃，也觉得很幸福，这个时候没有成本概念，没有什么公平、合理，就是单纯的幸福。因为爱，我愿意为你多做一些，多做一些我都觉得很幸福。那么为什么结婚之后我们就要公平了？你跟那个三八二十四有没有差别？你要到了公平、合理，然后你失去了幸福的感觉。多么大的惩罚，多么痛的领悟。

这就是我现实的人生，你能看出来我就是很会讲道理的人，一路砍伤无数人，所以我人缘不好。但是当我看见自己的这种状态后，我愿意改变。我愿意放下道理是因为我愿意跟你在一起，我愿意永远输给你，只因为我想永远跟你在一起。如果我能输，我就可以赢得我的幸福。

第四十二节

我们是生命，是有温度、有爱的

我们大部分人从小都和父母住在一起，到了上大学才会和他们分开，所以，我们跟家庭的联结是紧密的。我们是生命，不是谋生的工具啊！不要让人生这一辈子都是工作、赚钱、养家，然后就这样子走完一生。记得我们是生命，我们是有温度、有爱的。

当你从爱跟生命的角度来看待你的家人的时候，或许你会看到不同的世界，你会改变你对待生命的态度。有时候不要直接讲道理，因为不是所有事情都是用道理可以讲得通的。如果我跟我儿子讲道理，或许我讲赢了道理，后来我可能会发现他不理我了。

我们能不能有一种生命状态，那就是可以承载别人一时的"不明理"，承载别人一时的"不可以"，承载别人一时的"不能够"，承载别人一时的"不了解"？

第四十三节

不同的维度就会出现不同的人生境界

　　但是你现在不要用道理跟我讲这个道理。我在阐述什么？我在阐述的是不同的维度，一个是叫作道理的维度，一个是叫作幸福的维度，它是完全不一样的。

　　所以，为什么说婚姻是爱情的坟墓？因为结了婚之后我们很容易就会想要计算是否公平合理，就生活起居等方面一项一项分配工作，然后那种恋爱的感觉就不见了。所以每年的结婚纪念日就是"扫墓节"，因为俗话说婚姻是爱情的坟墓嘛！如果你没有被道理、公平、合理绑架，你一辈子都会幸福。因为我愿输，所以我永远都能赢。

第四十四节

最大的公平就是不计较

有些是知识、才华、金钱买不到的，比如说开悟解脱、明心见性，是不是？你知道那种开悟解脱并不是用知识、道理、才华、金钱买得到的。我们人心，容易执着于得失、成败、好坏，执着于两端。我们即便玩游戏都得失心很重。可是当我们年龄很小，自我意识还不是很强的时候，不论输赢都很快乐。因为我们聚焦在什么上？快乐。刚刚还在斗嘴、还在吵架，过了一会儿就又玩在一起了。对我们来说，快乐比较重要，输赢没那么重要，有趣就好。可是当我们越来越有自我意识、得失心越来越重的时候，输赢都不是那么快乐了，因为我们的得失心太重了。不是得失有问题，是你有得失心。当我们不执着于得失两端的时候，我们就解脱了。当我们不执着于公不公平的时候，我们就没有这个局限了。

最大的公平就是不计较。当你不计较的时候，你的心就会很平静。

第四十五节

承认问题，你会好得比较快

　　当你看见、认同、也承认自己有问题的时候，会不会比较容易愿意改变？比如，有人问"你在生气吗？"，如果你说"哪有，我只是说话声音比较大而已"，这时候，你会继续生气，因为你不认为自己在生气。如果你说"对啊，刚刚被他惹到了，好生气啊"，这时候你发现自己生气了，也承认自己在生气，你是不是很快就不生气了？

　　打开觉察。如果我说"你有点小气哦"，你回答"我有吗？"，我又说"我们这几个朋友都轮流请客，你却一直都没有请客"，你说"我不小气啊，我只是比较节省而已"，那么你会不会继续小气？会。如果你说"不好意思，大家都轮流请客了，我却没有请大家，明天换我请"，你马上承认自己小气，会不会比较容易马上大方起来呢？

承认问题，你会好得比较快。所以人之所以不愿改变，不想改变，有时候是因为我们不认为自己有问题。当你不认为自己有问题时就会不想改变，不是吗？我们会有这种习惯，第一把问题往外推，第二合理化自己。一是怪罪别人，认为别人有问题，问题在别人；二是合理化自己的言语、行为、态度跟认知。就是这份合理化，让一个人不容易改变。合理化有时会让自己一直错下去，既然我合理，我为什么要改变？

你是不是活得挺"合理"的？一直活得很合理，一直认为问题在别人身上。可是当海水溅到你身上的时候，如果你没有任何的伤口，它就只是清凉的水而已；如果你会感到酸痛，这就是在告诉你，你的身体有破损的地方。所以，别人跟你互动时，就像海水一样，如果你没有伤口，水流过去就是流过去了。可是，当别人与你互动时，如果你会被刺痛、会起怨恨之心，就代表你的内在是有伤口的。你会指责对方，但并没有发现，自己认知里的伤口有哪个地方被触碰到了。

第四十六节

出离自己看自己

　　每个人嘴巴里都有味道，但是自己通常不会注意。唾液在你的嘴巴里，不会觉得它脏，但你把它吐到杯子里，再吸进去看看？你也不会觉得自己肚子里的粪便脏，但只要粪便离开你的身体，成为排泄物，你就会觉得它脏。现在你想想看，你身上有没有自以为是的想法？你不会觉得你的想法有问题，但如果同样的某个想法是从别人嘴里说出来的，你就会觉得这里不对，那里也不对。现在明白问题在哪里了吗？离开本体就有分别心。这是我在上厕所时的体悟。

　　我们的人生当中，有百分之七八十的时间都在误会别人，我们都太自以为是了。看起来我还是很聪明的人，可是我回顾一下我的人生，我发现自己百分之七八十的时间都在误会别人，我的专业就是误会别人、误会孩子、误会老婆、误会同事、误会客户、误会朋友。有一次在公司，一个同事从洗手间出来，没有和我打招呼。我心里就想，看到老板，不打招呼是不想干了吗？那天上午我都没有和他讲话，中午出去吃饭的时候，我看到他和同事在吃盒饭，在聊天，然后他说："今天早上出来很匆忙，忘记戴隐形眼镜了。"原来他是看不清楚才没跟我打招呼。

从过去的点点滴滴中，我也发现了自己的自以为是和对别人的误会。有一次我和老婆去吃饭，点的是锅贴、蒸饺、烙饼、小米粥、酸辣汤等。蒸饺、锅贴出来之后，老婆就吃了一个蒸饺，筷子就放下来了。我的内心就开始对话了：陪我吃一顿素食很难吗？平常和我生活在一起，也没有有说有笑的，跟我生活也很勉强吗？于是我就说："很难吃吗？还是陪我吃素很难过？"我老婆说："没有啊！我在等酸辣汤。"她回答得有道理，可是我并不觉得，我觉得我的想法是对的，我观察她很久了。然后吃完饭后，我就闷闷不乐。我家旁边有一个很大的美术馆，我就一个人去逛美术馆，越逛越生气，想要冲回去"签字"（指离婚，你懂的）。我突然觉察到，我怎么了？我老婆怎么了？原来我用一把尺在衡量她，用一个框架在框着她，她吃饭要符合我的标准，生活要符合我的标准，只要到了框架的边缘，我就会发火，只要越过那个框架，我就想签字。我突然觉得我很不道德，要人家活出我想要的样子，连吃东西都要是我喜欢的，要求人家生活中一定要有说有笑，还要不时撒个娇，不然就说明她不爱我。当我意识到这一点以后，我突然就没事了。

从此我放自己一条生路。我慢慢地把心中那把尺加宽、加长，这样我老婆就不会碰到它的边缘。再慢慢地，我把尺拿掉，成为"无尺之徒"。更慢慢地，我学会尊重，让她过自己的真实人生。

第四十七节

苦是因为你执着于某个想法

情绪背后都有想法。如果你感觉到苦了，这代表什么呢？苦是因为你执着于某个想法，越执着就越苦，不执着就不苦了。

有人问我："你在烦恼什么？"我说："我不知道今天中午吃什么。"对我来说这可能是烦恼，但对别人来说可能不是。所以这个烦恼是不是我想出来的？是。烦恼是你认为的烦恼，不安是你认为的不安，恐惧是你认为的恐惧。

恐惧、烦恼、不安，都是你想出来的。所以，当你从情绪背后看到让你情绪起伏的想法时，请把这个想法放下。如果没有这个想法，会不会产生这个苦？会不会烦恼？会不会不安？

　　所以，当你找到情绪背后那个想法的时候，改变它，或者放下它。放下那个让你内心不和谐、不平静的想法，内在就会平静，就会和谐。你放过它，它就放过你。

第四十八节

因为有所"求"而有所"囚"

人们因为有所"求"，而有所"囚"。因为囚，会困在其中。假设你一直很郁闷，就可能会更容易让身体长出肿瘤。

有些东西，就是因为我们很坚持着想要求得，所以就会在我们心里停留很久。有点类似不断积累胆固醇，不断积累就会堵塞，然后就会容易产生中风。

思想会不会中风？会，固执就是中风，不知变通，死脑筋，怎么讲都讲不通，就是"中风了"，我们叫思想中风。

我是一个急性子的人。跟你们在一起，我突然学会慢下来了，心急吃不了热豆腐啊！我很急，为什么着急？是因为我有很大的欲望，我有所求，所以我就被囚在那里不得解脱。表面上很风光，快、准、狠，事业上风风火火，但到最后我发现我是被囚在欲望之国里的人，在里面当王。

第四十九节

陪着你们体验这个世界

　　其实，人死之后能够带走的东西很少，有形的都带不走。我们要问问自己：什么是我们可以带得走的东西？经常想一想，或许你就能抓住生命的重点。

　　什么是人生走到最后真正拥有的？如果有这样的反思，你会活得很单纯。有这样的反思，你才能够有更深刻的体悟。

　　我也走在这条路上，我也在成长的路上，我会陪着你们体验这个世界。

第五十节

有一种智慧叫与人分享

有一种智慧，就是与人分享。我可以拿出一半的钱，
找专业经理人来帮我经营公司。我只需要躺着，一天就可
以赚二十五万。但是如果所有的钱你都要自己赚，你可能
有时间赚钱却没时间花钱，到头来身体还会出问题。

有时候与人分享或许可以既让自己有福享，又可以有
益于别人。举个例子，你天天吃很多糖，都舍不得跟别人分
享，你可能有一天就会有蛀牙，得糖尿病，一大堆疾病都找
上门来。但是如果你乐于分享呢？首先，你不会吃那么多
糖，也就不会得那些病；其次，别人也会拿别的东西来跟
你分享。如果你把所有的财富都掌握在手里，你可能拥有
了几百亿、上千亿，但你真的觉得这是好事吗？

第五十一节

爱你的敌人，感谢你的敌人

　　有一种人，天天研究你的问题，找你的缺点，这种人就是你的敌人。这种人可以清楚地说出你的所有问题，而且一针见血，不怕你生气，你越生气他越说。你没有花一分钱，就能让他研究你，你不感谢这种人，你感谢谁？他天天只要有空，就会想到你。换成其他人，你花钱让人家天天想你都不容易。你的敌人天天研究你，替你找出你所有的缺点，而且你不用花一分钱，你要不要感谢他？

　　所以，下次有任何你认为的敌人、死对头，提出对你的任何批判、提点，你都要赶快谢谢他，赶快请他喝咖啡，但是不能对他太好，因为这样的话他下次就不提点你了。你有没有发现，好朋友都不敢互相批评，因为怕不能当朋友了；好朋友都不敢讲真话，因为怕讲了之后不能当好朋友了。那些死对头一定会跟你讲"针"话，一针见血的"针"。他冒着不能跟你当朋友的危险，就是要让你变得更好，这是另一种形式的祝福。

第五十二节

觉察自己的极端思维

如果你仔细去想一想，其实我们都有很多还没有碰触过的领域。有很多的事情是我们不曾经历过的。当然我们说的是比较普遍的事情，不是叫你说，我没有杀过人，我没有当过抢匪。如果你想到这些事情的话，就代表你有一种极端思维。

当我们在讲正常的事情时，你会被很极端的想法卡住，这让你无法突破。当我在讲普遍的道理时，很多人就会说一些极端的话。比如我说："你要好好工作。"有人就突然暴跳如雷，说："难道就不用孝顺父母了吗？"我想说，我只是说你要好好工作，不代表你不用孝顺父母。我说："要懂得做人和处事。"他说："难道我就不用工作吗？难道我就不能好好赚钱吗？"

　　如果你有这种极端思维，要赶快打破。不先把这种思维打破，你的人生就很难有突破。你一直在钻牛角尖，找极端、找特例。我们在规划整个大方向的时候，这样的人就是会找一个极端例子说这不行，那不行。就像找了一根牙签挡住了整个高速公路。有时候这种牙签还是很尖锐的，会把轮胎给刺破，影响整个团队的运作。

　　我想你在家里应该也会遇到这样的人吧？你在公司里可能也会遇到吧？你的朋友里也会有这样的人吧？

第五十三节

凡人无过，贤人少过，圣人多过

　　圣人为什么多过？不是别人将错归咎于他，而是他可以看到自己的问题。当凡人看不到自己的问题、不认为自己有问题时，贤人已经开始内观、反省了，他可以看得到自己的问题，然后圣人连隐藏的微小问题都能发现，连他刚开始有的那个错误的念头都能看得到。所以说圣人以心若镜，他可以非常有效地照见他身上很微小的问题，照见他心中潜藏的错误念头。

　　为什么圣人成长得很快？遇见一个问题，一般凡人会说"我没错"；贤人会认为"我有一些过错"；圣人会想"这些都是我的问题"。如果发现的问题多，那么他就可以去解决，就成长得快。

　　如果我们能够静得下心来看到自己的不足，我想我们就会有更多机会完善自己，有机会变得更好。

第五十四节

遇事肯争错

我们一般在公司开会、检讨事情的时候，习惯替别人检讨，大家彼此攻击。两个人吵架也常常这样。如果换个角度说会怎么样？"这个地方我错了，你不要跟我争，我的确做错了，我会改进。""我们部门这次的确没有很完善，下次我们会特别注意，下次我会特别注意跟你沟通协调。"如果我这样说的话，你会不会也检讨自己？夫妻吵架，一方对另一方说："这是我的错，不要跟我争。"请问当你争错的时候，你们会不会继续吵架？不会。

我通过这种生活中的小例子，让大家能够在轻松之中把道理听进去，能够懂得运用。因为人比较不容易直接听道理，需要一些例子或者故事，把自己跟道理连接起来。

第五十五节
先改变看世界的眼光和格局

我们都习惯直接解决事情，有时候我们需要换个角度，不是直接处理事情，而是先改变看世界的眼光和格局。先把我看事情的眼光和格局打开，再回头看，事情或许就好解决了。有时候换个角度看，事情就好处理了。如果心大了，事情就小了；如果心小了，事情就会很大。

我把格局放大了，把眼界放大了，再来看事情，这样也知道怎么处理了。最坏的打算我都接受了，是不是也可以从容地去处理了？

我可以输，我就可以赢。可是很多人不太理解这种生命哲学。人都想赢。但是赢了又如何呢？没有人想跟你在

一起啊！跟老婆争赢了，她不跟你睡在一起了；跟老板争
赢了，没工作了；跟朋友争赢了，没朋友了；跟老师争赢
了，老师不教你了。

第五十六节
让父母往后余生可以安心

或许我们当子女的可以有这种心态——先把自己的生活过好，然后再回过来陪伴父母走人生最后那一段路。你知道吗？他们是很惶恐不安的。我们比父母有更多的学习和成长机会。所以这个时候我们必须把自己的生命变得更好，来陪伴当初牵着你的手、带你一路探索生命的父母。

你在一路成长的过程中也会惶恐不安，可是有父母陪伴你。往后余生，他们也需要我们陪伴。有一种陪伴，让父母往后余生可以安心。如果你不仅没有让他们安心，而且让他们一直担心，那么这是很不孝的。

第五十七节
幸福的空间

有时候孩子有他的理想，我对孩子的态度就是你想做什么就去做，只要不作奸犯科就行。其实这个年代要饿死人很难。你想做什么就去做，人生最遗憾的不是做错什么，而是没去做什么。我们可以将心比心，我们是胆子小不敢去尝试，别人胆子大想去尝试，你为什么还阻止别人？

假设我们是夫妻，天天鼻子对着鼻子，彼此之间没有空间，你会不会有压迫感？即使你天天吃好的、住好的，可是完全没有自己做主的空间，你只能听我的，完全照我的做，你会很难过的。所以家庭里人和人之间也要有空间，因为幸福在空间里。

俗话说：距离产生美。我们的幸福产生在彼此给对方
的空间里。

第五十八节

学会换上正能量的标签

我们喜欢贴标签，当然也可以换标签。一个男人回到家，看到老婆，可能会问："饭煮好了没？孩子功课写好了没？"这是老公和老婆的对话。如果这时候他把"老婆"这个标签撕下来，贴上"女朋友"，他还会这样问她吗？不会吧？这时候他可能会说："不要煮了，出去喝咖啡，晚上看场电影。"

当你把"孩子"的标签撕下来、换上"朋友"的时候，你就变成了孩子的朋友。其实这不容易。为什么不容易？他的成绩单拿回来你就知道了。朋友考不好你不会生气的，孩子考不好你可能就会发起火来。

当我们在贴标签的时候，我们同时可以做什么？换标签。尽量换一个让你更加有正能量的标签，贴上一个可以让你善待别人的标签。贴标签要有智慧，那就是尽量贴上可以帮助你成长的标签。

第五十九节

你到底为什么而忙？

你的人生在做什么？你让欲望驾驭你了吗？你是在忙于满足你的欲望吗？

很多人一辈子忙碌，其实都是在忙于满足欲望而已。可是欲望是一个无底洞，是很难被满足的。

也许一开始没钱的时候我们会想"如果有一千万，那我就可以退休了"。当我们有一千万的时候可能会想"如果我有三千万，我就可以退休了"。当我们赚到三千万的时候就会想"如果我有一个亿，我就能退休了"。但当我们真的赚到一个亿的时候，我们会想"这好像还不够"。

是的，我遇到过很多这样的朋友，他们的胃口越来越大，为了满足不断增大的欲望，忙碌一生。

　　你可以思考一下你到底是为什么而忙。如果这个忙碌背后的原因是真的有意义、有价值的，或许你可以继续去奔忙。如果只是为了一个无法被满足的，永远都无法填满的欲望，也许你忙到最后会发现，这些钱财你都带不走。

第六十节

把爱传下去的力量

在人生路途中，你会遇到一些人对你伸出援手，善待你。你可能曾经也乐于助人，在陌生的环境就这样随手帮助了别人。这是一种中式人际哲学。

比如说，我的子女在异地他乡，我的心会记挂他们。如果他们遇到困难，我会不会期待有人帮助他们？期待，对不对？那么我此刻生活的这个地方有没有来自他乡的人？如果我也愿意帮助这些外乡人，那不也是在帮助我身在他乡的子女吗？

当我们帮助别人的时候，或许我们的子孙在他乡异地的时候，别人也会随手帮助他们。我把这叫作"把爱传下去的力量"。

第六十一节

不会转念才会烦恼、恐惧、不安

你抓着一个会让你不安的想法不放，你就会一直不安。抓着会让你恐惧的想法不放，你就会一直处在恐惧中。抓着会让你烦恼的想法不放，你就一直在烦恼中。

你知道什么叫"放生"吗？就是放自己一条生路，你放过他，他就会放过你，这就是"放生"，那你会放自己一条生路吗？还是挖一个坑让自己跳进去？

固执的人不就是挖一个坑让自己跳进去吗？一直在坑里面挣扎：到底下午吃什么？到底晚餐吃什么？到底明天早上吃什么？其实你可以放过这个想法，有什么就吃什么，没东西吃就顺便减肥，反正你可以随时转个念。

可是，我们就是不会转念才烦恼、恐惧、不安。因为

你放不下这个想法，为什么？因为你不是拥有想法，你是
被想法拥有。

　　各位听到这个道理之后，能拿自己的想法有办法吗？

第六十二节

有我在，我陪你

我们在生活中，总是有很多朋友会遇到困难，可是我们都习惯讲道理给他们听，而且他们越伤心，我们讲道理的时间就越久。但我们也可以换一种模式，可以牵着他们的手，静静地陪在他们旁边，跟他们说："有我在，我陪你。"这简单的一句话就能胜过千言万语，不是吗？"有我在，我陪你。"这句话多么有力量，不是吗？

不是每个人的人生剧本，都是美好、幸福的。这个世界上有很多人的人生，未必如我们这样的幸福。可是你有没有能力、爱、能量去承载别人的不幸，陪他经历这一切呢？

第六十三节

爱大过面子

　　或许你的孩子没有你优秀，或者他没有长成你期待的样子，但是难道不是每个人都会活出属于他自己的人生吗？如果孩子的发展状况不如我们期待得那么好，我们当父母的可能会觉得没有面子。但是我们对孩子的爱难道不应该大过所谓的面子吗？你赞同这一点，然而当别人提起你的孩子的时候，你爱面子的那一面会不会又出现了？

　　我的面子曾经也大过我的爱，但是我的孩子帮助我转变了自己。不是每个人的孩子、兄弟姐妹、父母都如他所愿，是他所期待的那个样子。我们对孩子可以如此，对父母能不能也一样，爱父母大过自己的面子呢？

　　这是一种生命的厚度，这是一种很美的生命状态。不要一遇到什么事情就讲道理，有些问题不是讲道理能够讲得通的。有的时候，一个拥抱、一个微笑、一个温暖的陪伴，就能胜过千言万语，不是吗？

第六十四节

什么叫作服务？

什么叫作服务？怎么才能让人觉得他被服务到了，而不仅仅是"你给了我什么"？我们要有那份觉察和悟性，觉察到其他人目前的生命状态是怎么样的，从对方的角度看问题，按照对方的需求提供服务。

这个世界上有各种不同类型的人，每个人的过去都不同，都有错综复杂的背景，所以我讲课的时候要接地气、接人气。但是我们不能把维度拉得太低吧？太低的话就无法体现我的课程的价值。因此，我如何既能让大家都听明白，但是又有内涵呢？我只能一层一层地往上讲，这样才能服务所有人。这样你们是不是才能感觉被服务到了？因为我是从你们的角度看问题，从你们的现实状况来考虑我的表达方法，所以这才能让你们体验到被服务的感觉。

第三章

找到生命的核心价值

第六十五节

不做交易的人生

小孩子还很小的时候不懂什么大道理，可是他对父母有一种纯粹的爱。他就是活在纯粹的爱里面，他的爱不是一场交易，不是为了因果，也没有所谓回程还会相遇的概念。他只是纯粹地付出他的爱，不做交易的爱。

孩子教给我们一个非常好的道理是：不让自己活在一种交易的人生里。他拥有的不是一场交易的人生，他不知道爱父母以后会得到更多的财产，他没有这个概念，也不懂什么叫孝顺，他只是爱父母而已。

这就是我要分享的概念。可是当我们还没有到达这种境界的时候，我们可能需要一点道理的引导。

第六十六节

活出纯粹的大爱

能不能有一种生命状态，那就是你的舍不是为了得，只是一种自然的流露？不是为了得到你的友谊，我才对你好的。帮助别人不是一场交易，希望别人变得更好不是一场交易，我觉得我们就是要有这种心态。

我觉得孩子正在教我们这个道理，他们超越了这些有形的知识道理。

我们有时候会说，回到你的本来面目，回归你的赤子之心。这是学不来的，是你本来就有的东西，你只需要自然活出来就好。那是你本有的，那不是学来的、不是听来的知识道理，那是生命本性的自然流淌，那是我们需要活出的纯粹的大爱。

第六十七节

找到生命的核心价值

你的人生以什么为核心价值？你是活在生命的主题中，还是活在生活的花絮里？你人生的主题曲是什么？你生命的主题的核心是什么？核心价值的意义是什么？

我们都有生命，可是我们对生命并不了解。我们都忙于生活、忙于工作、忙于读书、忙于考试，我们都在忙。我们很少让自己有一段时间，可以再回到生命这个主题上。我们一般都会忘记这个主题，我们很少静下来，每个星期抽出那么一小段时间，跟自己在一起，跟生命这个主题在一起。我们可以试着，每个星期花两三个小时，跟一群人，回归到生命这个主题上来。

问问自己，你多久没有跟自己在一起了？没有遇见你自己了？如果你懂得静下心来，每一天里有那么几段时间跟自己在一起，然后，每个礼拜有两三个小时可以跟一群人讨论，回归到生命这个主题上来，那么你可能不会很迷茫。

第六十八节
要用什么心态对待金钱和名利？

很多人都变成了名和利的奴隶，已经变成了赚钱、争夺名利的工具，就这样走完这一生。他们认为生命等于名利，并且一生都在追逐它们。

这里我不是说名和利不好，而是说不能过度。如果我们把所有的关注点都放在了名与利上，当你快走完这一生的时候，你也许会感叹：哎呀，人生就这样子吗？人生难道就是读书、工作、赚钱、养家、炫耀，然后这一辈子就过完了吗？

我们其实需要静下来，好好思考生命的核心价值到底是什么？我们可以爱钱。钱是中性的，它没有好跟不好，问题是我们用什么心态去使用它。名利没有什么不好，问题是我们用什么心态拥有名利。

你"配得上"你目前的状态吗？有些有钱人，虽然住豪宅、开名车、吃美食，可是他们有很多烦恼，他们是享不了清福的人，他们的心智模式里有某些维度是没有建立起来的。

第六十九节

我知道人生不是为了钱而来的

　　我三十岁进入社会，四十岁就可以不用工作了，但我却不知道怎么休息。所以我又给自己五年的时间，进入一个大集团去做投资和经营。然后，在我满四十五周岁那一天，我就辞职了。到今天，我已经不工作十几年了。

　　我是研究遗传工程学的，三十年前，我算是高端的科学家。我也走过创业这条路，是一个创业家。我可以花一个星期创建一个公司，然后花一两个月时间就让它收支平衡。那时候，我一个月的收入就有十八万，相当于工作半年就可以买一栋房子。但我创业两个月之后我就把公司解散了，为什么？因为我知道我饿不死，并且我知道我的人生不是为了这些东西而来的。

　　我们一般都有这样的想法：钱好赚就继续赚，一直赚下去。很少会想：我够厉害了，我换一个领域努力吧，换一种人生活吧。我想的是：人生不是为了钱而来的，我要每五年就换一种人生来活，这样我一辈子就可以有比别人更丰富的体验，这样我的人生才值。

第七十节
让每件事情、每段时间都有生命

我们能不能换个角度来看待我们的人生、我们的家庭、我们的事业、我们的团队、我们的所有平台？当从生命的角度看过去之后，它们就产生不一样的意义和价值。

如果只针对事、不针对生命，就变成身价。外在的"身体"的"身"，叫身价。因为只对事，不对生命。但是当你对生命有了深入的探索后，你会发现你的体验就不一样了。比如说，我们都想让自己活得健康且长寿。可是我们能不能换一个角度想？不是让身体存在的时间更长，而是让时间有生命，让生命有意义、有价值，活出生命的本质。

从前，我们想让生命维系更长时间，现在，我们可以让每件事情、每段时间都有生命，也就是让它们更有意义、有价值。我们可以翻转我们的人生，翻转我们对世界的态度，翻转我们所做的一切，因为我们翻转了看待它们的角度。

第七十一节

什么样的人不会追求希望？

在学习过那么多知识以后，回过头来想，我们是不是懂得太多了，把自己给教育得太死板了？因为全社会都在比较相同的东西，都在讨论相同的东西，所以你就一直活在相似的价值观里，然后很容易就会不快乐。因为我们活在不快乐的状态里面，本来就会有很多不快乐的元素，所以我们会一直在这种状态里面寻找快乐，而往往这种状态是会让人感到没有希望的，所以我们只好也去寻找希望。

让我们想一想，什么样的人不会去追求希望呢？活在希望中的人。活在希望中的人，不需要去寻找希望；活在爱中的人，不用再去寻找爱；活在光明中的人，本身就拥有光明，不用再去寻找光明。

所以，我们常常会去寻找什么东西？就是我们缺失的东西。

第七十二节

舍与得

我换一个角度来说。你给不了的，就是你缺失的部分。你给不了爱，你的爱就是缺失的，对不对？

如果有你得不到的，一定就有你舍不得的。不舍不得，小舍小得，大舍大得，全舍全得。这一点是不是很像作用力与反作用力？所以如果你还有得不到的，那一定还有你舍不得的。你有不能给出去的，就一定有你得不到的。所以我们所说的"舍得"，也就是一种作用力跟反作用力，这是对知识分子讲的道理。

第七十三节
打开自己的时空维度

我们的人生如果要开眼界，必须打开自己的时空维度。可是这并不容易，因为我们受限于过去的认知，会本能地抗拒新的认知范围里的信息，所以要打开眼界不是一件容易的事。

我们可以把太阳升起当作一天的开始，把太阳下山当成一天的结束，也可以把零时到二十四时这段时间叫作一天。你可以用不同的概念，定义这个时间界限，然后说它就是一天。到目前为止，你相信有昨天，而你现在活在今天，也认为未来有明天，因为以你的经验这是可以理解的。

因为我们是经历过过去、现在和未来，昨天、今天和明天的。经过很多次之后，我们就有这种经验和认知了，不是吗？

上个月，这个月，下个月，时间的单位变大了，你还是可以接得住。为什么？因为你活过三个月，所以你知道上个月、这个月跟下个月，同样，你也可以接受去年、今年还有明年。

第七十四节

启发各位开启不同维度

如果我们认知里的时空没有办法开展，那么在这个认知时空以外的知识、时空以外维度的世界你是无法吸收的。我并不想给各位框定固定的界限，我只是想启发各位开启不同的视角、不同的门、不同的维度，重新去探索和发现这个世界，也重新探索和发现你自己。我不是要给出固定的意见，而是想给出不同的角度。我不会跟你说"喂，这儿有扇门，你要不要出去看看？"或者"那儿有面窗，你要不要探头出去看看？"。我想让你自己去看看。从这面窗户，从这扇门，你可以看见什么？

我们都渴望自由，不是吗？我们都不希望别人一直给

自己填东西，也就是所谓的填鸭式教育。所以，我会举很
多例子，做很多比喻，讲很多笑话，这些都是不同的表达
模式，让你透过它去体悟。

第七十五节
面对死亡

我们该以什么样的态度面对死亡？

苹果前首席执行官乔布斯在去世前说过这样一段话："我曾经辉煌过，做出过很多艰难的决策，也有很多难堪的往事。现在我要死了。人一辈子只会死一次，在死亡面前，我所遭遇的一切又算得了什么呢？"我们一生都在接受如何生的教育，而很少接受关于死的教育。对于死亡，我们是害怕的、恐惧的。这种害怕和恐惧有时会抑制我们的生命状态。

曾经有个跨国公司的老板，五十出头，去医院检查，发现得了很严重的疾病，还剩下三到六个月的生命。医生告诉他接受治疗还可以活九个月到一年，他说不要治疗，希望在前三个月通过药物治疗维持正常的生活，之后三个月就听天由命吧！然后他一一打电话给那些帮助过他的人以及他曾经伤害过的人，邀请他们与自己共进最后一餐。他对那些他曾经伤害过的人说："过去我因为无知和贪婪对你们造成了伤害。现在我要走了，和你们共进最后一餐，在这里我和你们说声对不起，请原谅过去我曾经对你们造成的伤害。"他又对那些曾经帮助过他的人说："感谢你们曾经给予我的帮助。在过去的岁月里，因为你们的宽容和大度，我感到非常幸福，我要和你们说声谢谢！"他在生命旅程的最后，懂得了生死的道理，可谓"朝闻道，夕死可矣"。

第七十六节

拥有感恩和知足的心

如果你有感恩的心，你就会一直很感恩。你现在生活的这个时代，可以受到很好的教育，经济发展得很好，物质条件非常丰富。但在你父母成长的那个年代，可能他们要活下来都很困难。所以，他们在那个年代成长起来之后，就会用他们能理解的方式来陪你走一段路，所以他们未必如你所愿。可是如果你有感恩的心就会不一样，你就会觉得很幸福，对不对？

比如说，一个人晚上跟朋友去聚会，十一二点还没回家，老公打电话过来说："十二点了，该回家了。"如果她说："我都几岁了，还要你来管吗？你这么不信任我吗？"这么想她就会很生气。但如果她换一种想法："我老公在担心我，关心我是不是安全。"她会不会很感激？同样一通电话，一个人的心态不一样，想法就会不一样。

　　生命跟生命是可以联结在一起的，因为你会感恩，你懂得知足，生命就可以跟生命产生联结。如果你使用批判的思维、攻击的思维，生命跟生命就会越来越疏离。这个时候我们就很难看到对方的好。

第七十七节

最了解你的人

　　这个世界上谁最了解你？答案是你的敌人。他二十四小时都在研究你，你不用付他研究费，不用付他顾问费，也不用请他吃饭、付他薪水。他只要有空就研究你，研究你所有可能有的缺点跟漏洞，而且对你的批判绝对不会口下留情。

　　你会发现，难得有人对你如此地用心。朋友还不好意思说你的缺点，只能轻轻地提点，但如果你悟性不高就感受不到。如果朋友说得比较明显，那么你们这个朋友就不要当了，是不是？只有你的敌人，他可以重重地在你的心门那里"插一刀"，让你知道"你就是这个死样子"，他会讲得很难听，对不对？

所以，如果你想听真话，或者说真正了解自己，可能亲人和朋友还不如敌人能满足你的需求。

"爱你的敌人。"这句话背后有这样的含义，就是他会提醒你，你还有很多问题，他让你照见你自己。然后你的心态就是，我要感谢他的提醒，不管是正面的提醒，还是攻击式的提醒，总之他让我看到我自己。

第七十八节

你的内心能否跟上世界的改变？

我们以往都是用电脑上网。当科技进一步发展，智能手机出现以后，有人说，以后我们可以用手机上网了。当时有很多人会质疑："谁会用手机上网呢？一般都会用电脑吧？"这个时候，科技的改变有没有改变全世界的生活方式？科技的发展，有没有在这一两百年之内改变整个世界的面貌？答案显然是有的。

可见，世界是可以改变的。未来我们可能会面对更快速的、更大的改变。但是，在科技文明不断改变世界的时候，我们的内心成长了多少？我们的内在变化能不能跟得上这个巨变的外在条件？

在未来世界，人工智能会快速发展，可能有很多人会被自己的工作岗位淘汰。在你不知道该怎么面对它的时候，你可以用一个更宽广的内在去面对它。问题是，你有没有与自己相处的能力呢？

第七十九节

没有办法真正感受人生是人生最大的不幸

人生最大的不幸就是没有办法真正感受人生，提早被剧透了。如果你在看小说，有人告诉你后面的情节是怎样的，那么你可能恨不得捅他一刀。是不是这样？如果你在看连续剧，看到有悬念的情节时，有人马上说："啊！我昨天就看过了。结局是……"你会不会发疯？

有些人没有办法真正地放下过去的经历，重新体验一次人生。他一直用过去的思维看待当下，以为未来看到的都是一样的，这是多么不幸的一件事啊！经验很难让你不同，经验只会让你快速反应而已。所以，从小到大，你上过那么多课，参加过很多相同的活动，你是否从中获得了不同的感悟呢？

第八十节
打开感恩的心智

　　如果你晨跑路过一个养鸡场，会不会停下来深呼吸？不会吧？那个味道会让你加速赶快跑过去。为什么养鸡场那么臭？因为这个臭味在提醒你，这里有很多细菌，赶快离开。这样一想，你会不会感恩？会吧？就像你家里的煤气，原本是没臭味的，可是为了怕煤气外泄，必须加臭的味道进去，只要你闻到臭味，就知道煤气泄漏了，要赶快把它关上，这个臭味让你避免了危险。

　　排泄物用臭味来告诉你，这里有细菌，你赶快离开不要碰，这不是一种提醒吗？那你会不会回过头来感谢它用这种方式提醒你？虽然这种方式与众不同，但它的效果却是好的。

请你打开感恩的心智吧！首先要接受不同，然后开始找这个不同之处的亮点，然后要欣赏不同、感恩不同。

第八十一节

打开欣赏的眼光

我看过一个新闻，说的是一个学生，平常大家也没有看他读书，但每次考试他都是第一名，越是到了考试的时候，他就越爱玩。他也不做笔记，别人问他为什么不做笔记，他说懂了为什么还要做笔记？老师出了题目他也不练习，后来考大学的时候，又是榜首。

所以我现在看到那些跟我不一样的人，我就会打开欣赏的眼光。我以前是一个比较守规矩的人，对跟我比较不一样的人，我就会有防备心。可是当我慢慢长大、格局打开之后，我发现我懂得欣赏了，觉得这些人真不错，真是有个性，怎么可以活得这么特别！

第八十二节

每个人都做好自己很重要

细菌在我们身上，我们就是它们的宇宙，但它们根本不知道我们是生命体。它们是非常简单的存在，运作方式很简单。它们不知道宇宙外面还有宇宙。但一个细菌可能会影响我们的整个生命体。

对于整个宇宙来说，我们就像细菌。我们不知道整个宇宙是个生命体，宇宙外还有宇宙。即使这样，我们这样的细菌也可能会让宇宙崩坏。我的意思是，我们每一个人都很重要。

每一个人都做好自己很重要。在一个家庭中，你把自己做好，就是你对这个家庭最好的支持。在一个团队里，你把自己做好，就是你对这个团队最好的支持。在这个社会中，你把自己做好，就是你对这个社会最大的支持。

第八十三节

让人生越来越好

如果你住在一个很狭窄、很黑暗的小房子里，要搬到一个很大、很阳光的大豪宅里去，你会不会快乐地搬家？你从三五万的小汽车，换到一百多万的豪华车，会不会快乐地换车？如果你好好成长，生命越来越好，你会不会快乐地走下去？会吧！因为未来的路会更好！

假设我们存好心、说好话、做好事，成为一个好人，那么我们去的地方是不是比现在更好？换的车是不是更好？换的房子是不是更好？

第八十四节

我们被什么支配？

我们一直在被某个东西所支配，被欲望所支配，被习性所支配，被认知、想法所支配，被执着所支配，这些都是无形的牢笼。

所以我们想要"逃狱"，逃离地球这个牢笼。虽然我们发明了各种太空航天器，但是到现在也找不到一个可以让自己落脚的地方。因为你的"刑期"未满，还没有办法"出狱"。

所以，从这里面你体会到什么？你被什么所"囚"？你被什么所"困"？你"住"在哪里？积累了多少？

第八十五节

满招损，谦受益

人有太多认知上的障碍，所以我们看世界的眼光其实是很狭隘的。即使是苏格拉底，都会很谦卑地说："我唯一知道的是，我什么都不知道。"

宇宙这么庞大，我们已知的非常有限，用这么有限的已知去面对无限的未知，可见我们是多么的无知啊！

可是越无知的人越自大。这样的人凭什么这么自大？什么都比不上人家，还这么自大。有时候你真的会很讨厌这样的人。可这样的人也是我们的镜子，让我们反观自己有没有做类似的事情。

所以有时候人需要内观，才会虚心受教。就像《尚书》里所说的，"满招损，谦受益"。

第八十六节

海水融入大海才不会消失

如何让一滴海水不消失？融入大海。海水融入大海，我们再也找不到了，它却没有消失。当我们融入整体的时候，我可能不容易被看到，但是，我却没有消失。

可是，"小我"很担心，融入整体之后，"我"就不在了。所以，"小我"一直很抗拒，他想要一直都有存在感。这个关于大海的比喻就是说，当"小我"融入"大我"的时候，虽然别人可能看不到你，可是你未曾消失，依然在"大我"中发光发热。

就像你拿着一根发光的蜡烛靠近太阳的时候，我们看不见蜡烛的光亮，但是这个光亮并没有消失。

第八十七节

你是拥有事业，还是被事业拥有？

你有没有听过这句话？——人在江湖，身不由己。假设事业是你创造的，那么你是拥有事业还是被事业拥有？事业是丰富了你的生命，还是变成了你生命的枷锁？如果是你被事业所拥有，你才会说："人在江湖，身不由己"。事业是你创的，最后反过来拥有你。想法是你想出来的，最后你却被想法绑架了。钱是你赚到的，结果你变成了守财奴，或者是为了钱忙碌一生。

我们都以为自己拥有的东西，其实是被它们拥有了。如果你每天能赚五十万，你周末会休息吗？理性地说，你会的。但是一想到能赚那么多钱，即使是周末，你已经很累了，你可能也很难去休息。为什么？因为我们很难克服我们的贪心和欲求。那么这样下来你会工作到什么时候？直到生病为止！

所以我们活在这种欲望的牢笼里面，有很大的欲求，被"困"在那里。最重要的，是摆脱我们贪婪的欲望。

第八十八节

勿以善小而不为

我们关心自己的内心，也应该关心外在的环境。我们都希望内心是健康的，那么我们能不能也想想外在的环境是不是健康的？内心干净，外在的环境也要干净，可是我们现在有点不太爱这个环境。

所以我们现在要慢慢习惯出门带杯子，不要用一次性的杯子，习惯出门带筷子，不要用一次性的筷子。这样一点一滴的改变，不是很好吗？如果我们做了，会不会影响到朋友？如果我们十四亿中国人都养成这个习惯，环境是不是很快就能变得很好？出门带筷子、带保温杯、带手帕，这只是一个小动作，不是吗？我们还可以早睡早起，这样晚上就能少用电、少开灯。如果不能早点睡，就尽量不浪费电，少用电器。

　　勿以善小而不为，如果每个人都从自己做起，产生的影响就会是巨大的。

第八十九节

修行就是修正我们的行为和心态

很多小事情就可以让整个环境改变。可是从谁开始做起？不妨从你自己做起。谁说修行就要在深山古洞进行？其实你能变得更好就是修行。修行就是修正你的行为，修正你的心态。为什么要修正？就是不正常才需要修正，不是吗？

我给出不同的视角，就是为了修正你看世界的眼光，让你把它看清楚。我们如果戴着有色眼镜看世界，眼光就会很局限，我们用局限的眼光看世界，世界就很局限，但如果我们用宽广的眼光、宽广的心态看世界，整个世界都会是宽广的。

第九十节

你无法听到你认知以外的声音

我们能够接触的世界是受限于我们自己的内在条件的。我们能够学到的都是点点滴滴的知识，我们所看到的世界也无法超越我们已有的认知范围。

所以，我们在学习之前，要先学会拥有空杯心态。拥有空杯心态之后，你会看到与拥有满杯心态的人不同的世界，你会看到他们看不到的世界。因为满杯心态的人是用自己固有的认知去看世界的，他们没办法听到认知以外的声音，看到认知以外的东西。

第九十一节

看不见自己的问题是最大的问题

我们一般都不太愿意承认自己的短板，因为会觉得不好意思。所以人需要拥有一定的能量去承认自己的错误。可是很多人是死不认错的，他也许知道自己错了，但他的嘴巴就是不说"我错了"。或许我们的生命可以来到一种新的维度，就是：我知道我错了，我也可以承认我错了。

这是一种成长的契机。因为我知道我不好，但是我愿意接受我是错的，而且我愿意改过。我愿意承认我的错误，我才会愿意成长。当你不愿意承认错误的时候，你是不愿意改变的。

所以，不承认问题是一种很大的障碍。不承认自己有问题、看不见自己的问题是最大的问题。

第九十二节

什么叫尊师重道？

为什么古代的圣贤告诉我们要尊师重道，而现在却有很多人不尊重老师？老师就是要指导你，要与你分享人生的道理。但现在的人首先会自己思辨，先分析判断。所以这时候我们相信自己大过相信老师。所以我们很多人是没有老师的。老师告诉你一句话，你就开始拿你所读过的、所看过的、所理解的来解读这句话，分析判断这句话。

那么什么叫尊师重道？就是我要先去体会老师说这句话到底想要传递给我什么样的道理，他想让我明白什么，这时候我再去用自己的知识和经验去体悟，思考自己的言行，这个时候我们才把老师当成老师来尊敬。

第九十三节

读万卷书也要行万里路

真理是无法言说的，能够说出来的都是道理，是描述。

真理是实践出来的，而不是说出来的，没有去野外采花是闻不到花香的。所以，人生只有走出来的美丽，没有等出来的辉煌。

所以说，读万卷书也要行万里路。我说的是"也要行万里路"，并没有否定要"读万卷书"。有人说，"读万卷书不如行万里路"，不是"不如"，是"也要"。我们不要"二元对立"，地上有五十块跟十块，你要捡哪一个？两个都一起捡，是不是？你学开车的时候，左边是人，右边是狗，撞哪一个？不是都撞，是要踩刹车，是不是？

第九十四节

当你乐于分享的时候，你就不会失去

有一种东西你不用关起来、不用上锁，别人偷不到，也抢不走，这种东西是什么？是你的智慧。对，智慧是不用被放在保险箱的，因为那是别人偷不走的。当你乐于分享的时候，你便不会失去你所分享的东西。

但是有形的东西就不行。比如我给你一百块钱，我就没有这一百块钱了，你把一百块钱花完了，你也就没有这一百块钱了，我们都没有了，但是你会很开心。可是我分享这些看法、这些智慧、这些体悟的时候，你明白了，我也没损失，不是吗？

第九十五节
拿得起、放得下的心境和能力

如果一个人一只手拿了一块铜，那么什么时候他可以把铜块放下而没有任何内心挣扎？是在他看到地上的黄金、钻石时，对不对？这时，他会很自然地放下手中的铜块，然后去拿地上的黄金和钻石。这时，他会思考拿到什么才更好，对不对？他之所以放下，是为了拿到更好的。

但是，并不是贵重的东西才有价值，低贱的东西就没有价值。有一种人会思考得更多，他能看见自己是否有拿得起、放得下的心境和能力。这是我觉得这种人厉害的地方。

你要以怎样的心境和能力来度过这一生呢？你能不能拿得起、放得下？还是说，你只能拿得起，却放不下？

第九十六节
认识自己，活对人生，妙用自己

　　我希望通过这些分享，让你重新去认识一下自己，认识一下自己的生活，认识一下自己的生命，认识你到底在忙什么。

　　让你在越来越认识自己之后，活对人生。当你对生命的体悟越来越深刻的时候，你才能够慢慢地妙用自己。一层一层往上，去追寻生命的源头，到底什么才是生命真正的意义。

　　如果你还很年轻，那么恭喜你，因为你这么年轻就会去思考这个问题，而不是到了五六十岁再来思考这个问题。有时候，要改掉过去积累的毛病要花很多时间，更不用说转变你过去的坚持的认知、想法，这的确很不容易。

结语

读完这本书，我希望你们能送我四份礼物。

第一份礼物：让自己的生命状态变得更好。如果你做到的话，这就是送我的第一份礼物。

第二份礼物：当你的生命状态变得更好的时候，你要成为家人、朋友、社会、国家的好环境。只要有你在的地方，你就是别人的好环境。因为你这个好环境，人们也会感觉自己的生命状态变得更好。如果你能做到的话，这就是送我的第二份礼物。

第三份礼物：当你有一天有了愿景、使命，找到了自己活着的意义时，要去帮助所有跟你有缘的朋友。如果你做到了这一点，这就是送我的第三份礼物。

第四份礼物就是：让我们在终点相遇！